小猛犸童书

理财我能行

理财真好玩

乐凡　唯智 著　段张取艺 绘

U0177518

电子工业出版社·
Publishing House of Electronics Industry
北京·BEIJING

1月份，粉粉猪坚持做好时间管理，妈妈每天会给她1元零花钱。但粉粉猪还是有两天上学迟到了，因此这两天的零花钱被扣掉了。请问，这个月粉粉猪的存钱罐里有多少钱？

1月

				1	2	3	4
5	6	7	8	9	10	11
12	13	14	15	16	17	18
19	20	21	22	23	24	25
26	27	28	29	30	31

50元

40元

大眼猴连续帮奶奶做了4周家务，奶奶每周给他10元零花钱。大眼猴准备把零花钱攒下来，给奶奶买一顶遮阳帽作为生日礼物。请问，他能如愿以偿吗？

刺儿头帮爸爸洗一次车可以获得 8 元零花钱。现在他的存钱罐里有 48 元钱。请问，他帮爸爸洗了几次车？

7

9元

3元/本

5元

5元

8

18元

1元/支

5元

喔喔鸡放在跳蚤市场里的东西可真丰富呀！假如他的东西全都卖出去了，他能得到多少零花钱呢？

9

鹅妈妈去银行存钱，她有 200 元钱，准备存 5 年，丹顶鹤女士告诉她每年的利率是 4%。请问，当鹅妈妈 5 年后取钱时，可以得到多少利息呢？

_____

如果鹅妈妈将取出来的钱全部再次存入银行，计划存 1 年，丹顶鹤女士告诉她每年的利率是 3%。请问，1 年后鹅妈妈再来取钱时一共能拿到多少钱？

支出：3000元

信用卡

卷毛狮的爸爸这个月有 2000 元存款，他的信用卡消费记录是 3000 元。你觉得卷毛狮的爸爸会遇到麻烦吗？为什么？

卷毛狮的爸爸想开一家公司，赚更多的钱，他需要去银行贷款。你觉得他能贷到款吗？

_____

17

　　花花驴和乖乖熊的梦想都是当小提琴家，通过演奏来赚钱。你觉得他们谁能实现自己的梦想？

理财小哲学

下面大眼猴的哪种做法是对的？哪种是错的？

我要帮奶奶做好家务，让她不要太辛苦，可以好好休息。希望生病的奶奶可以早日康复！

20

奶奶给我零花钱，我才帮她做家务。

下面两位富翁，哪一位的行为是正确的？

一位富翁在打电话，说："把工厂的污水排到附近的湖里不就行了吗？"

一位富翁在帮贫困地区建希望小学。

23

想想看，下面哪些东西用钱是买不到的？

玩具熊

朋友之间的友谊

妈妈的吻

生命

亲爱的小朋友，你可以和爸爸妈妈一起开一个家庭理财会议，了解一下你们家庭的财务状况，知晓爸爸妈妈为了一家人的幸福生活所做的努力，并想想自己可以为家庭做哪些力所能及的事情。你也可以跟爸爸妈妈讲讲你学到的理财知识和你的理财小计划，让爸爸妈妈看到你的成长哦。

理财小知识

我可以做的事

日期：_____

收入：_____

支出：_____

余额：_____

今天的感受:

_____

_____

明天的建议:

_____

_____

　　小朋友，请按照上面的方式，尝试做一下你自己的理财日记吧!

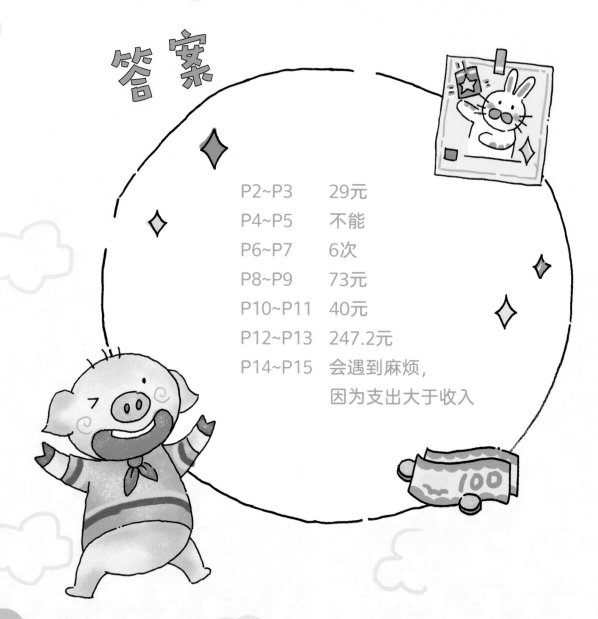

答案

P2~P3	29元
P4~P5	不能
P6~P7	6次
P8~P9	73元
P10~P11	40元
P12~P13	247.2元
P14~P15	会遇到麻烦,因为支出大于收入

答案

P16~P17 不能
P18~P19 乖乖熊
P20 正确
P21 错误
P22~P23 建希望小学的富翁
P24~P25 朋友之间的友谊、
妈妈的吻、生命

图书在版编目（CIP）数据

理财真好玩. 理财我能行 / 乐凡，唯智著；段张取艺绘. --北京：电子工业出版社，2020.11

ISBN 978-7-121-39720-2

Ⅰ．①理… Ⅱ．①乐… ②唯… ③段… Ⅲ．①财务管理－少儿读物 Ⅳ．①TS976.15-49

中国版本图书馆CIP数据核字（2020）第189276号

责任编辑：王　丹　文字编辑：冯曙琼
印　　刷：北京缤索印刷有限公司
装　　订：北京缤索印刷有限公司
出版发行：电子工业出版社
　　　　　北京市海淀区万寿路173信箱　邮编：100036
开　　本：889×1194　1/24　印张：8.25　字数：126.1千字
版　　次：2020年11月第1版
印　　次：2024年9月第5次印刷
定　　价：99.00元（全6册）

凡所购买电子工业出版社图书有缺损问题，请向购买书店调换。若书店售缺，请与本社发行部联系，联系及邮购电话：（010）88254888、88258888。

质量投诉请发邮件至zlts@phei.com.cn，盗版侵权举报请发邮件至dbqq@phei.com.cn。

本书咨询联系方式：（010）88254161转1823。